旧术犹新：

过去和未来的惊奇科技

李　婷　主编

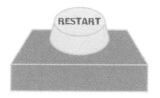

世界末日全方位

硬启动手册

U0281242

電子工業出版社·
Publishing House of Electronics Industry
北京·BEIJING

图书在版编目（CIP）数据

旧术犹新：过去和未来的惊奇科技. 世界末日全方
位硬启动手册 / 李婷主编. -- 北京：电子工业出版社，
2021.4
ISBN 978-7-121-40389-7

Ⅰ.①旧… Ⅱ.①李… Ⅲ.①科技发展 – 世界 – 普及
读物 Ⅳ.①N11-49

中国版本图书馆CIP数据核字（2021）第009600号

责任编辑：胡　南
印　　刷：河北迅捷佳彩印刷有限公司
装　　订：河北迅捷佳彩印刷有限公司
出版发行：电子工业出版社
　　　　　北京市海淀区万寿路173信箱　邮编100036
开　　本：720×1000　1/32　印张：9.125　　字数：170千字
版　　次：2021年4月第1版
印　　次：2021年4月第1次印刷
定　　价：98.00元（全四册）

凡所购买电子工业出版社图书有缺损问题，请向购买书店
调换。若书店售缺，请与本社发行部联系，联系及邮购电话：
（010）88254888，88258888。

质量投诉请发邮件至zlts@phei.com.cn，盗版侵权举报请发邮件至
dbqq@phei.com.cn。

本书咨询联系方式：（010）88254210，influence@phei.com.cn，
微信号：yingxianglibook。

世界末日全方位硬启动手册

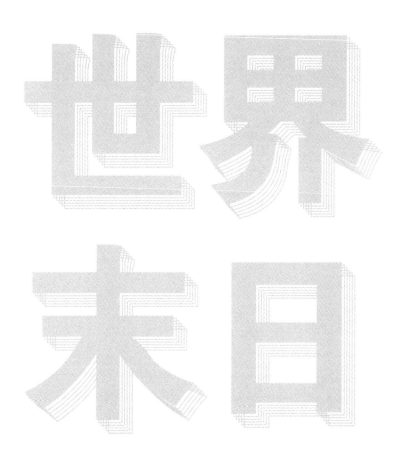

问一问自己，如果真的必须从头开始，你希望拥有哪些知识？如果被困在小岛上（或者某颗小行星上），你会随身带上哪本书？这是一项有意思的思想锻炼。詹姆斯·洛夫洛克 1998 年在《科学》杂志上发表了一篇随笔，题为《四季之书》（*A Book For All Seasons*），以下是它的节选：

> 我们对自己建立在科学基础上的文明充满信心，认为它是有期限的。我认为我们在这样想的时候，并没有认识到文明生命期与我们这个物种生命期之间的区别。事实上，和物种比起来，文明是稍纵即逝的。人类至少已经存在了一百万年，但是在过去 5000 年里就出现过 30 个文明。人类是坚韧的，终将千秋万代，但文明是脆弱的。在我看来，我们在智力方面显然并没有在进化，没有朝着真正智人的方向发展。事实上很少有证据能够证明我们的个体智力在 5000 年有记录的历史中有所进步。

　　世界终结的方式有千百种，不过多数不利于文明的重建，比如最糟糕的方式可能是全面的核战争，就算你没有被气化掉，构成现代世界的大部分材料也被毁掉了。所以带着复兴人类荣光的使命，也为了临阵不乱，让我们先了解一下怎样完美毁掉地球，以及后末日世界是个什么熊样儿。现在，我们熟悉的世界已经消亡，接下来该怎么办？幸存的你需要一份《全方位世界"硬启动"手册》，掌握重启世界的关键步骤，少走弯路，跨越式进入文明 2.0。历经数代人的努力，幸存者在后末日时代站稳了脚跟，现在可以开展重建物种和文明的更高追求了。《物种复活图书馆》介绍了北极圈一个坚不可摧的种子银行，也许数百年后，某支勇敢的探险队将前往斯瓦尔巴，取回人类作物的希望。凯文·凯利则在《文明重建图书馆》中开出一份 140 种书的超长书单，从养兔指南、牲畜屠宰、蠕虫堆肥手册，到晶体收音机制作、家庭化学实验，还有宇宙学、未来主义、美国宪法、科幻小说百科全书……这些实用文献便是文化的种子，如果需要，它们会再次萌芽。

毁灭世界的最佳方式

作者 | 路易斯·达特内尔　　　　　　　　**译者 | 秦鹏**

　　若是发生了某种灾难，严重到足以令科学的进展停滞，让工匠的劳作中断，使我们这个半球的一部分重新陷于黑暗，那么紧随其后的时刻便是这样一部作品最为荣耀的时刻。

　　　　　　——狄德罗，《百科全书》（1751—1772）

　　任何一部灾难电影似乎都必不可少的一幕场景是，在一个全景镜头中，宽阔的公路上密密麻麻地堵满了试图逃离城市的车辆。随着绝望情绪不断增长，极端的公路暴怒事件频频爆发，直到驾驶者和其他已经把路肩和车道弄得乱七八糟的人一起放弃车辆，加入了用双脚继续前进的巨大人群。任何破坏了分配网络或者电网的事件都会令城市无法满足对资源的贪婪需求，迫使其居民在饥饿中逃离，大量的都市难民涌入周围的农村搜寻食物。

世界终结的最佳方式

在探讨"最佳"之前，咱们先来说一下最糟。从重建文明的角度来说，全面的核战争将是最糟糕的末日事件。就算你没有在目标城市里被气化掉，构成现代世界的大部分材料也已经被毁掉了，灰尘遮蔽的天空和被放射尘污染的大地会阻碍农业的恢复。太阳的大规模日冕物质抛射同样糟糕，尽管这种事件并不会直接造成伤亡。一次格外剧烈的太阳"饱嗝"会猛烈轰击地球周围的磁场，让它如响铃一般嗡鸣起来，还会在全世界的供电线路中产生巨大的电流，烧毁变压器并击垮电网。全球大停电会中断水的泵送、天然气的供应、燃油的精炼，以及新变压器的生产。一旦出现这种现代文明核心基础设施遭到毁坏但是没有发生直接人员死亡的情况，社会秩序的崩溃将很快上演，居无定所的人群会迅速地消耗剩余供给，继而造成大规模人口下降。最终，幸存者还是会面对一个没有人的世界，但是在这个世界里，能够为他们提供复原所需宽限期的所有资源都已经被消耗干净了。

很多后末日电影和小说喜欢戏剧化地表现工业文明和社会秩序崩溃，幸存者被迫为了日益萎缩的资源展开越来越疯狂的斗争，然而我想要关注的场景恰恰与此相反：人口发生了突然而极端的下降，我们这个技术文明的物质基础却毫发无伤。大部分人类已经死去，然而所有的物资都还在。这一场景为如何从零开始加速文明重建的思维实验设立了一个最有趣的出发点。它为幸存者们提供了一段宽限期，令他们在重新学习一个自给自足的社会所具备的全部基本功能之前，能够先站稳脚跟，防止退化的步伐走得太远。

从这个意义来说，世界终结的最佳方式将是毁于快速传播的流行病。完美的病毒风暴结合剧烈的毒性、较长的潜伏期和接近 100% 的致死率。这样的话，天谴的执行者在人与人之间有着极强的感染性，需要一段时间才能发病（以便将遭到感染的后续宿主群体最大化），最后却又几乎必定造成死亡。我们已经变成了一个真正的城市物种——自 2008 年以来，全球超过一半的人口生活在城市——这种状况造就了很高的人口密度，加上热火朝天的洲际旅行，为传染病的迅速传播提供了绝佳条件。假如现在爆发一次黑死病，我们这个技术文明的弹性将远远不及当年①。

———————————

① 　然而，黑死病的某些长期后果是有益于社会的。随着接踵而至的劳动力短缺，挺过了人口大规模下降的农奴可以摆脱与农场主的联系，从而有助于打破压制人性的封建制度，开创一个更加平等的社会结构和以市场为导向的经济。

世界重启至少需要多少人？

那么，要想不仅恢复全世界的人口，更能够加速文明的重建，幸存者数量起码要达到多少才足够呢？换一种问法：快速重建所需的临界人口规模是多大？

幸存人口范围有两个极端，我分别称它们为"疯狂的麦克斯"场景和"我是传奇"场景。如果现代社会中维持生活所需的技术系统崩溃，但人口并没有立即下降（比如日冕物质抛射所造成的状况），大部分人口的生存将只是在激烈的竞争中迅速消耗任何残存的资源。这会浪费掉宽限期，社会将迅速退化到"疯狂的麦克斯"式的蛮荒状态，而且随后会出现人口锐减，短期内回弹的希望渺茫。而假如你是世界上唯一的幸存者，或者至少是因分布稀疏而相互之间没有可能闯入对方生活的少数幸存者之一，那么重建文明甚至恢复人口的想法也是天方夜谭。人类孤悬一线，而且终将在这最后一人辞世之际灭亡——这正是理查德·马瑟森的小说《我是传奇》中描绘的情形。两名幸存者——一名男性和一名女性——在数学上来讲是物种延续所需的最低值，但是人口增长若是仅以两人为起点，基因多样性和长远生存能力都会受到严重的削弱。

　　那么恢复人口需要的理论最低人数是多少？对当今生活在新西兰的毛利人线粒体 DNA 序列的分析，曾被用于估算当年从东波利尼西亚群岛乘木筏落脚此地的先驱者数量。基因多样性表明，这一先祖人群的有效规模不会多于大约 70 名育龄妇女，因此总人口大概是这个数字的两倍多一点。类似的基因分析也推断出说印第安语的美洲土著最初的人口规模与此相仿。他们的祖先是在 1.5 万年前，趁海平面较低的时候从东亚经过白令陆桥来到了美洲。因此在灾难之后，居住在一处的几百名男女组成的群体便应该能够为恢复世界人口提供足够的基因变异性保障。

　　问题在于，即便有着每年 2% 的增长率——这已经是在机械化农业和现代医学保障下，世界人口增长率的最高纪录，这一先祖人群也要花上 8 个世纪才能将人口恢复到工业革命时代的水平。而这样一个萎缩的初始人口大概远不足以实质性地保存可靠的耕作技术，更别提更加先进的生产方式了，因此幸存者群体会一直退化到狩猎—采集的生活方式。人类存在至今，99% 的时间都是在这种生活方式中度过的。它无法支持密集的人口，使人类落入了一个很难通过进步再次逃脱的陷阱。如何能够避免退化到那种程度？

　　幸存的人口将需要足够的劳力在田间劳作，以保证农业的产出，但是还要留下足够的人手发展其他工艺并恢复技术。为了有一个尽可能高的复兴起点，你还应该希望幸存者的数量大到足以掌握大量的技能组合、保存足够的集体知识，以防止退步得太多。因此任何单一地区内约一万人的初始幸存者人口规模（对英国而言，这代表了仅仅 0.016% 的生还比例）将是这一思维实验的理想出发点，这些人能够汇聚成一个新的社区，而且相安无事地协同工作。

　　现在，让我们来关注一下幸存者们将身处何种类型的世界，以及在重建的过程中，这个世界将在他们周围发生怎样的变化吧。

大自然卷土重来

　　没有了人类的日常维护，大自然会立刻抓住时机，重新占据我们的城市空间。垃圾和碎屑会在大街小巷堆积，堵塞下水道，形成水塘，堆积的碎屑会腐败成一层肥料。先到的种子会首先在这样的低洼处生根发芽。即便没有汽车轮胎的重压，柏油碎石路面上的裂隙也会持续扩大成断口。在每一次霜冻期，这些下陷处的水坑都会结冰膨胀，从内部破坏坚硬的人工地面，一如严酷的冰封—解冻循环逐步销蚀掉整个山脉。这种风化作用创造出越来越多的生存空间，先是投机取巧的纤细杂草，继而是灌木丛利用这些空间定植下来，进一步破坏路面。其他一些植物更具攻势，它们无孔不入的根系径直穿过砖块和砂浆，寻找抓持之处，并且搜刮着些许湿气。藤蔓会蜿蜒爬上交通灯和交通标志牌，把它们当作金属树干，繁茂的攀缘植物会爬上建筑物峭壁般的表面，覆盖从底部到房顶的所有地方。

经过数年，这些植物先驱者的落叶和其他残体的堆积腐败成有机的腐殖质，混杂着被风吹落的尘土和破败的混凝土、砖块碎屑，形成了一种真正的城市土壤。从办公室坏掉的窗户里随风涌出的纸张和其他杂物堆积在楼下的街道上，增加了这一层肥料的内容。越来越厚的土层将盖满道路、小巷、停车场和城镇的开放空间，使多种体形更大的树木能够扎根。在柏油碎石铺就的街道和砖石广场之外，城市的草坪公园和周围的农村会很快变回林地。只需要一二十年的时间，较老的灌木和桦树就会站稳脚跟，并在灾难之后的第一个世纪结束之时，演变成云杉、落叶松和栗树构成的茂密树林。

当大自然忙于卷土重来之时，我们的建筑将在不断生长的森林里瓦解、腐朽。随着植被的恢复，街道渐渐布满了木头、落叶和破窗中掉落的垃圾，街道上将堆积着完美的易燃物，城市森林火灾的风险增大。一旦堆积在建筑物侧面的易燃物被夏天的雷暴或是破碎玻璃聚焦的阳光点燃，恐怖的野火便会顺着街道蔓延并在建筑物里肆虐。

火灾发生时，无论是 1666 年的伦敦，还是 1871 年的芝加哥，火焰都可能迅猛地从一座木质建筑窜到下一座，甚至狭窄的街道也不足以阻隔，直到整座城市被烧成断壁残垣。尽管现代都市已经不像此前的城市那样惧怕火焰，但没有消防员控制的火焰还是有着巨大的破坏力。地下管道和建筑物里面流动的煤气将会爆炸，街道上废弃汽车油箱里的燃料也会增加这炼狱的恐怖。有人居住过的区域里星星点点地分布着遇火便要爆炸的"炸弹"：加油站、化学仓库，以及干洗店里一桶桶极易挥发、易燃的溶剂。也许对后末日时代的幸存者来说，最鲜活生动的景象之一就是古老城市的燃烧，一柱柱呛人的浓重黑烟从地平线升起，把黑夜染成血红色。火焰过后，只有砖块、混凝土和钢铁构成的现代建筑会留下来——易燃的内部物品被烧掉之后，只剩一座座炭化的骨架。

火会对废弃城市的广大区域造成破坏，但是最终毁掉所有我们精心建造的建筑物的是水。灾难后的第一个

冬天就会有大量的水管被冻裂，等到下一个消融季节到来时，水会流淌到建筑物内。雨水会被吹进掉落或者破损的窗户，从房顶上瓦片缺失的地方滴落，从被堵塞的沟渠里溢出。窗框和门框掉漆的地方会吸收潮气，令木头腐烂，金属锈蚀，直到整个框架从墙壁中脱出。木质结构——地板、托梁和顶架——也会吸收潮气并腐烂，把各个零件组合在一起的螺栓、螺丝钉和钉子全都生锈。

　　混凝土、砖块和抹在它们当中的砂浆都易受到温度起伏的影响。它们会被堵塞的沟渠中淌出来的水浸透，然后被高纬度地区无情的冰封—解冻循环碾碎。在气候较为温暖的地区，白蚁和木蛀虫等昆虫会与真菌一并吃掉建筑物的木质构件。过不了多久，木梁就会腐朽并断裂，造成地板塌陷、天花板掉落，最终墙壁本身也会向外凸起，然后倒塌。我们的大部分住房或者公寓楼最多只能撑一百年。

由于油漆脱落后对水分的吸收，我们的金属桥梁将会生锈并且变得脆弱。不过对很多桥梁来说，当伸缩缝和呼吸孔（用来让建材在炎炎夏日中膨胀）被风吹来的杂物堵塞时，才是其丧钟敲响之刻。一旦受阻，桥体会扭曲，将锈蚀的螺栓切断，直到整个结构崩溃。在一两个世纪之内，很多桥梁都会坍塌到水下，碎石残片掉落在仍旧矗立的支柱脚下，形成河流的一道道堤坝。

很多现代建筑采用的钢筋混凝土是一种了不起的建筑材料，然而虽然它比木材更坚硬，却一点都不耐腐蚀。讽刺的是，令它恶化的终极原因正是其优异的机械强度。钢筋被混凝土包住，接触不到外界的风吹日晒，但是当弱酸性的雨水渗透进去，以及腐败的植物释放的腐殖酸深入混凝土地基，钢筋开始在内部生锈。钢生锈之后体积会膨胀，给这种现代建筑技术以最后一击。混凝土被生锈的钢筋撑裂，形成了更多暴露在湿气中的表面，进一步加速这最后的消亡过程。这些钢筋是现代建筑的软肋——而无筋混凝土更加持久耐用：罗马万神殿的穹顶历经两千年风吹雨打仍旧坚固。

　　不过高楼大厦面临的最大威胁是，无人照管的排水系统、堵塞的下水道或者周期性洪水造成的地基水涝，建在河边的那些城市尤其严重。它们的支撑会被侵蚀、分解或者沉入地下，使一幢幢摩天大楼倾斜得远比比萨斜塔更加吓人，直到最终倒下。纷纷落下的残骸会进一步损害周围的建筑，大厦也可能会像巨大的多米诺骨牌一样，接二连三地被撞倒，直到只剩下一些废墟尖尖地挺立在树林构成的天际线上方。几个世纪之后，我们建造的宏伟建筑就剩不下几个依然矗立的了。

　　一两代人的时间内，城市的地貌就会变得无法辨认。见缝插针的幼苗变成了树苗，又变成了参天大树。摩天

大厦之间的"人造峡谷"被森林填满，逼仄的林间小径替代了城市的通衢大道。大厦本身也已经破败不堪，洞开的窗户吐露着植物的枝枝蔓蔓，活似一些垂直的生态系统。大自然已经恢复了城市丛林。随着时间的推移，坍塌的建筑留下的一堆堆碎砖破瓦也被越来越多腐败的植物遗骸软化，形成土壤，变成树木丛生的土堆，最终高高挺立的摩天大楼留下的残骸也被苍翠的植被掩埋或隐藏。

　　在远离城市的地方，成队的鬼船在大海上漂荡，偶尔被多变的风和洋流搁浅在海岸上，船体破开，向洋流泄漏出有毒的燃油或者集装箱里的货物，就像蒲公英的种子飘进了风中。不过最壮观的沉船——假如有人能在正确的时间站在正确的地方观看的话——或许是人类最具野心的建造物之一的回归。

　　国际空间站是一个 100 米宽的巨大建筑，历经 14 年在地球低轨道建造完成：它是一座由压力舱、纤长的支架和蜻蜓翅膀似的太阳能电池板组成的壮观组合体。它虽然翱翔在我们头顶 400 公里处，但并未脱离大气层稀薄的上沿，因而它枝杈蔓延的结构会受到微不可查但是不容忽视的阻力。这消耗着空间站的轨道能量，使它沿着螺旋轨迹持续坠向地面，需要不停地利用火箭推进器回到原来的高度。如果宇航员死亡，或者缺少燃料，空间站将以每月两千米的速率稳定下坠。用不了太长时间，它就会轰轰烈烈地划过大气层，像个人造流星似的化作光带和火球，走向死亡。

后末日时代的气候

城镇的逐步衰败，并非幸存者们将要见证的唯一转变过程。

自从工业革命以及煤炭、天然气和石油相继得到开采以来，人类一直在狂放地从地下挖出过去岁月里积累的化石能源。这些化石燃料由古代森林和海洋有机体的腐败残骸演变而来，是大量的碳构成的易燃物质：其化学能源自亿万年前照射到地球并被捕获的阳光。这些碳原本来自大气层，但是问题在于我们燃烧得太快，短短一百来年的时间，几亿年之间被固化的碳便通过我们的烟囱和汽车排气管被重新释放回了大气层。这个速率远远超过了行星碳循环系统重新吸收自由二氧化碳的能力，因此今天空气中二氧化碳的浓度比 18 世纪初高出约 40%。二氧化碳浓度升高的后果之一是，来自太阳的热量由于温室效应被留在地球的大气层中，引起全球变暖，又继而造成海平面上升，并扰乱全球气候模式，在一些地区催生更加频繁和严重的季风性洪水，而在另外一些地区引发干旱，对农业造成严重影响。

随着技术文明的崩溃，来自工业、集约型农业和交通的排放会在一夜之间停止，而小型幸存者群体造成的污染随即会降低到几乎为零的低水平。但是哪怕排放明天就停止，在接下来的几个世纪里，这个世界还是会对我们这个文明已经喷发出的巨量二氧化碳做出反应。我们当前正处于迟滞期，这颗星球仍在回应我们对它的平衡状态施加的猛烈冲击。

紧随灾难之后的几个世纪内，由于地球物理系统的惯性，后末日世界有可能经历海平面高达数米的抬升，还会造成更多进一步的后果，比如富含甲烷的冻土层消融或者冰川的大规模融化。尽管二氧化碳浓度在灾难之后会下降，但还是会稳定在一个实际上已经被抬高的数值上，几万年之内都不会回到工业革命之前的状态。因此在我们乃至之后文明的时间尺度上，地球这次被迫升温实际上是永久性的，我们目前这种没心没肺的生活方式将给这个世界的后继栖居者留下一笔漫长而黑暗的遗产。对于已经在为了生存而奋斗的幸存者来说，后果就是气候和天气在几代人的时间里继续变化，一度肥沃的农田毁于干旱，低海拔地区水患严重，热带病更加流行。

在我们的历史上，区域性气候的改变曾经造成文明的突然崩溃，而不断发展的全球性气候变化很可能会挫败脆弱的后末日社会的复兴。

> 所以说若没有另外一番经历，我们便认识不到自己的境遇，如果没有体验过短缺，我们也不会珍视自己所享有之物。
> ——丹尼尔·迪福，《鲁滨孙漂流记》（1719）

本文节选自《世界重启：大灾变后，如何快速再造人类文明》（北京联合出版公司 2015 年版），路易斯·达特内尔著，秦鹏译，由未读授权发布。

路易斯·达特内尔（Lewis Dartnell）　　现任英国宇航署莱斯特大学研究员，主要研究天体生物学和探索火星上的生命迹象。曾出版过《宇宙中的生命》（*Life in the Universe*）等多部科普作品，此外还经常为《卫报》《泰晤士报》《新科学家》等报刊撰写科普文章，也主持过 BBC 的多档科普栏目。

全方位世界"硬启动"手册

作者｜路易斯·达特内尔　　　　　　　**译者**｜秦鹏

用这些片段，我支撑着我的断壁残垣。

　　　　　　　　　　　　——《荒原》，托马斯·艾略特

　　我们熟悉的世界已经消亡。现在该怎么办？

　　一旦幸存者们认识到自己的窘境——之前的生活所依赖的基础设施已经全部崩溃——他们该怎么做才能在灰烬中崛起并确保长期的繁荣？又需要哪些知识才能尽快恢复重建？我们需要一份针对幸存者的指南。它不仅探讨如何让人们在灾难后的几个星期里活下去，更要传授如何精心策划先进技术文明的重建。

　　发达国家的居民已经与维持其生存的文明过程脱节。我们对于制造食物、避难所、衣服、药物、原料或者关键物资等基本技能表现出惊人的无知。曾几何时每个人都是生存专家，那时候人们与土地的联系更加密切，对生产方法更加熟悉，而要想在后末日世界中生存下去，你需要倒转时钟，重新学习这些核心技能。

更重要的是，在我们已经习以为常的每一项现代技术背后，都有着大量关联成网的其他技术作为支撑。仅仅了解每一个零件的设计和材料，远不足以制作出一部iPhone。这部手机雄踞在一座庞大金字塔的塔尖，而构成塔身的则是很多技术：开采和精炼用于制作触摸屏的稀有元素铟，用高精度的光刻法制造计算机处理芯片中的微电路，以及扬声器中那些小得不可思议的零件，更别提维持远程通信和手机功能所必需的无线基站网络和基础设施。文明崩溃之后出生的第一代人会觉得现代手机的内部机理完全无法理解，微芯片电路的走向细微得肉眼无法辨认，而其目的则更是彻底的深不可测。科幻作家阿瑟·克拉克曾在 1961 年说过，任何足够先进的技术都与魔法无异。在大灾之后的时代，令人懊恼之处在于，这些不可思议的技术并不属于某种远在繁星之间的外星人，而是属于我们自己过去的某个世代。

什么样的手册最有用

保存文明的关键是提供一枚内容精缩而又

容易成长为枝繁叶茂的知识之树的种子，而不
是试图把巨树本身记录下来。

幸存者面临的最重大问题是，人类知识是集体共有
的，分散在全部人口当中。没有任何个人知晓维持社会
关键过程运行所需的足够知识。那么幸存者该向何处寻
求出路？在已经废弃了的图书馆、书店和家庭中，书架
上蒙尘的书中肯定还保留着大量的信息。然而这些知识
的问题在于，它们并不适于帮助一个从零开始的社会——
或者一个不曾接受专业训练的人。假如你从书架上抽
出一本医学教科书，翻看它满是术语和药物名称的内容，
你认为你能理解多少？由于空旷城市中无人控制的火灾
等原因，这些学术文献中很多本身都会遗失。更糟的是，
每年产生的大量新知，很多根本没有存储在任何持久的
媒介上。人类最前沿的知识主要以转瞬即逝的数据比特
的形式存在：专业期刊网站服务器上存储的学术论文。

以一般读者为目标受众的书籍也不会有太大帮助。
你能否想象幸存者借助一些关于怎样在商业管理中取得
成功、如何通过想象训练来减肥，以及如何阅读异性身
体语言的自助指南来试图重建文明？而假如后末日时代
的社会发现了几本发黄变脆的书，把它们当作古代的科

学智慧，试图应用顺势疗法来控制瘟疫，或者运用占星学来预测农业收成，则更是荒谬的梦魇。简而言之，对于大灾难的幸存者来说，我们的集体智慧中会有很大一部分是无法获取的——至少无法以有用的形式获取。那么怎样才可以尽可能地帮助幸存者？指南应当提供哪些关键信息，这些信息又该如何组织？

　　我并不是纠结这个问题的第一人。詹姆斯·洛夫洛克[①]借用生物学上的类比来解释我们该如何保护自己的遗产："面临干燥问题的有机体常常把它们的基因封入孢子，这样它们重获新生所需的信息就能够挺过干旱期。"在洛夫洛克的想象中，孢子的人类等价物是一本随时适用的书。"一本初级科学读物，文字简明，含义清晰——适用于任何对地球的状态以及如何在地球上生存并生活舒适感兴趣的人。"他所提出的其实是一项真正浩大的工程：在一本极为厚重的课本中记录下人类知识的完整集合，一旦读完这本著作，你便理解了当今所有知识的精髓。

[①]　詹姆斯·洛夫洛克（James Lovelock，1919 年 7 月 26 日—）是一位英国独立的科学家，环保主义者和未来学家。他最出名的成就是提出盖亚假说，假定生物圈是自我调节的实体，具有能力通过控制化学和物理环境保持地球的健康。在他的假说中，地球被视为一个"超级有机体"（superorganism）。

"A book for all seasons." [①]

互联网社会学和经济学专家克莱·舍基（Clay Shirky）估计，维基百科目前蕴含了大约一亿工时的撰写和编辑工作量。但是即便你把维基百科全部打印出来，将它的超链接用交叉引用的页码代替，它距离一本能让一个社区从零开始重建文明的手册还是相去甚远。况且，一部实体拷贝将大得不可思议，而后末日时代的幸存者们又去哪儿找一份这样的拷贝呢？事实上，你可以通过采取更加优雅的方法，来帮助社会的重建。

• 2012 年，罗伯特·马修（Rob Matthews）曾经把维基上所有的特色条目打印成书，大约 50 厘米厚。

---

① 洛夫洛克的设想具体请参见他于 1998 年发表在《科学》杂志的文章 A Book For All Seasons, *Science* 08 May 1998: Vol. 280, Issue 5365, pp. 832-833

在物理学家理查德·费曼（Richard Feynman）说过的一句话里，我们可以找到解决方案。他假设人类知识全部消亡，而自己只能把一句话安全地转达给灾难之后出现的随便什么智能生物。什么句子能够用最少的词表达最多的信息呢？费曼认为是原子假说："所有物体都由原子构成——这些微小的粒子永远不停地运动着，稍微远离一点便互相吸引，被挤压时便互相排斥。"你越是思索这一简单论断带来的推论和可验证假说，它就越是能对世界的性质做出更多的揭示。粒子之间的吸引解释了水的表面张力，非常接近的原子之间相互排斥解释了我为什么不会直接陷入我身下的这把咖啡椅。原子的多样性，以及它们结合而成的化合物是化学的关键原理。这精心写就的一句话蕴含了巨大的信息量，随着你的研究探索，这些信息将得到揭示及扩充。

在费曼的启发下，我认为帮助文明陷落幸存者的最好方法，不是创造一部所有知识的全面记录，而是针对其可能身处的环境提供一份基础性指南，以及重新发现关键知识所需的技术蓝图——也就是被称为"科学方法"的强大知识产生机制。保存文明的关键是提供一枚内容精缩而又容易成长为枝繁叶茂的知识之树的种子，而不是试图把巨树本身记录下来。

跨越式进入文明 2.0

> 文明 2.0 看上去大概就像是不同时期技术的大杂烩，和名为"蒸汽朋克"的文学流派别无二致。

在文明重启的过程中，没有理由沿着和以前一模一样的道路走。我们曾经走过的历史道路漫长而曲折，大体上是跌跌撞撞地瞎摸乱闯，长期舍本逐末。可是现在我们知道自己拥有哪些知识，凭这种后知后觉，我们能否像个有经验的航海家那样"抄近路"呢？

关键性的突破往往是偶然做出的。亚历山大·弗莱明 1928 年对青霉抗菌性质的发现就是个偶然事件，X 射线的发现也如是。很多这样的关键发现完全可能发生得更早一些。我们可以把当初的发现作为目标，向恢复中的文明提供一些选择暗示，告诉人们该向何处去寻找以及优先进行哪些研究。快速启动指南只需要简明地描述一些核心的设计特征，幸存者就能够准确地弄清楚如何把一些关键技术重新创造出来。比如独轮车原本可以早出现好几百年——只需要有人想出来就行。它结合了轮子和杠杆的操作原理，也许看起来无关紧要，但是构成了一种极其节省劳力的装置，独轮车在欧洲的出现比轮子晚了一千年。

其他一些创新影响深远，你应该力求直接实现它们，以便对其他复原所需的基本要素构成支持。活字印刷便是这样一种关键性技术，在我们的历史上加快了发展速度，并且实现了不可比拟的社会效益。只需些微指导，大规模印刷的书籍就会在新文明的重建过程中早日重现。

在发展新技术的过程中，一些步骤可以直接跳过，跳到更加先进但仍然能够实现的体系。在当今非洲和亚洲的一些发展中国家，存在着一些鼓舞人心的跨越式发展例证。比如很多没有接入电网的偏远社区建成了太阳能基础设施，直接省却了西方国家对化石燃料长达几个世纪的依赖。在非洲的一些农村地区，生活在泥屋里的农民直接跨越到移动通信时代，略过了旗语塔、电报和有线电话等过渡技术。

不幸的是，跨越式推动文明前行的距离是有限制的。就算后末日时代的科学家完全理解某项应用的基本原理并完成原则上能够运行的设计，他们也仍然可能建造不出可使用的原型机。我将这称为"达·芬奇效应"。这位文艺复兴时代的伟大发明家画出了数不尽的机械和装置设计图，但是其中只有极少数成了现实。主要的问题就在于达·芬奇太过超前。仅仅正确地理解科学以及做

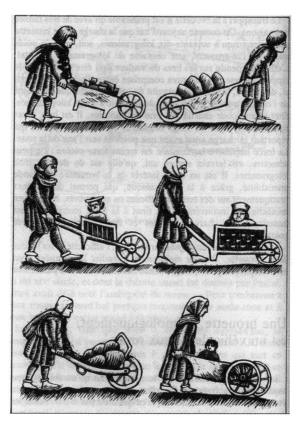

- 中世纪时独轮车的 6 种形式。独轮车的发明被普遍视为一个
  生产函数的转变，它令铁路、水路航道及田地里的工作更为
  容易，发挥了比表面上看起来更重要的作用。

出独特的设计并不够，你还需要具备先进程度与之匹配的建造材料，此外还需要可用的能源。所以快速启动指南的秘诀是，参照当今一些援助机构向发展中国家社区提供中间技术的方式，为后末日时代的世界提供合适的技术。这些解决方案能够极大地改善现状，而又能够由当地劳工利用实践技能、工具和可获取的材料进行修复和维护。

事实上，沿着我们当前文明的轨迹重建是非常困难的。工业革命主要以化石能源为动力。这些容易获取的煤炭、石油和天然气的储藏如今大部分都已经被开采殆尽了。没有这种唾手可得的能源，我们之后的文明如何掀起第二场工业革命？解决之道在于及早采用可再生能源和对资源进行认真周到的回收利用，在下一次文明中，可持续发展说不定会出于纯粹的必要性而成为不二之选：一次绿色的复兴。

在这个过程中将会产生我们不曾见过的技术组合。对我们来说，文明 2.0 看上去大概就像是不同时期技术的大杂烩，和名为蒸汽朋克的文学流派别无二致。蒸汽朋克文学的背景设定是采用了不同发展模式的平行历史，往往以维多利亚时代的技术与其他应用的融合为特征。后末日文明的重启过程中，不同科技领域的发展速率将与我们这一时代迥异，很可能会产生这样一种有如时代错位的混杂世界。

世界"硬启动"步骤

1. 恢复基本的舒适生活，遏制进一步的倒退

飞机坠毁在偏远地区之后，为了生存下去，你首先要考虑的事项是避难所、水和食物。你周围的文明崩塌之后，当务之急也是同样的需求。我们假定你并不是一个未雨绸缪者，并没有为了应对世界末日而囤积食物和水、加固房屋或者做任何其他预先的安排。那么在不得不重新开展生产之前的这段关键缓冲期里，你需要收集哪些剩余物资来确保生存呢？在技术大潮退却后的海滩上拾荒时，你应该寻找些什么呢？

首先，你需要尽快恢复基本水平的生产能力和舒适的生活方式，并且遏制住进一步的倒退。舒适生活所需的基本要素包括：充足的食物和洁净的水、衣服和建筑材料、能源和必需的药物。离开城市，搬到一个更加合理的地方居住，比如乡下，因为在一些城市，技术泡沫爆裂之后，环境会迅速变得不适合居住。但同时要向城市要资源，回收我们文明的剩余物资。幸存者最为紧迫的

关注会有这样几项：可种植的庄稼必须在死去和遗失之前从农场和谷仓中收集回来；柴油可以通过生物燃料作物得到补充，使发动机一直运转到机械失效，零件也要进行回收，以便重新建立本地电网。我们还需要有效地从死去文明的残骸中拆卸零件回收材料：后末日时代的世界将会用到再利用、焊补和应急装配方面的才能。但是需要回收的资源中，最有价值的还是知识，很多书籍详细提供了文明所需的重要实践技能和过程，非常值得参考。

2. 重启后末日时代的农业和化学工业

早期阶段你将要面临的一大挑战是重新开始农业，到时会有足够的空建筑为你提供避难所，地下的燃料池能用来推动车辆及发电，但是如果你被饿死了，这一切便全都没有了意义。因此必需品就位之后，便需要开始安排农业生产、妥善保护粮食储备，以及用植物及动物纤维制作衣物。从最基本的层面上来说，增长的人口意味着更多的人类头脑。而更多的人类头脑会迅速地找到问题的解决方案。只有当农业生产效率经过了某个关键阈值，社会才会开始回到通往更多复杂性的道路上。

纸、陶瓷、砖、玻璃和锻铁在今天都是寻常之物，然而需要它们的时候你又该如何制造呢？树木能够生产出大量非常有用的材料：从建造用的木材到净化饮用水的木炭——同时还是一种燃烧猛烈的固体燃料。一大批极为重要的化合物都能从木头里烘烤出来，甚至其灰烬中也含有一种制造肥皂和玻璃等必需品所需的成分（名为草碱），还是生产火药的原料之一。拥有了基本的专业知识，你便可以从周围的自然环境中提取出大量其他不可或缺的材料——纯碱、石灰、氨、酸和酒精——并开启后末日时代的化学工业。生产力恢复之后，快速启动指南将帮助你开发适于采矿和拆毁古代建筑遗骸的爆炸物，生产人工肥料和用于摄影的光敏性银类化合物。

3. 重新学习关键技术：医学、造纸、发电……

技术文明的崩溃将带来现代医疗能力的彻底瓦解。如果得不到合适的医疗照料，无关紧要的事故都可能意味着死刑。医疗的关键技能是诊断，在后末日时代的文明重新学会制造高能射线前，听诊器仍将是你探知人体内部状况的关键工具。一旦基本的病因确认了，下一步就是开出药方或者进行手术干预。还有微生物学，虽然我们已经知道了青霉素的重要性，后末日时代的文明仍然需要达到一定的生产力水平，才能够生产出足以对人口产生影响的抗生素。

　　还有造纸。书写是令文明得以形成的基础性技术之一。一旦诉诸物理介质，思想就可以得到可靠存储。发展出书写系统的文化能够积累的知识，要远远超过其人群共同记忆的存储量。制造出干净平滑的纸，距离能够用书写进行沟通及永久性记录知识才只走了一半的路程。一旦所有的圆珠笔全都用尽或消失，另一项关键任务就是制造可靠的墨水来形成书面文字。

　　任何文明都必须成功地驾驭热能和机械能，以便从肌肉力量的禁锢中解放出来。对风力和水力的驯服，加上畜役使用效率的提高，对我们的社会造成了巨大的影响。电力是非常重要的关键技术，你在重启过程中应当尽快、尽全力朝这一方向发展，掌握发电和存储电能的技术。

4. 从物资的运输到思想的传递

　　一个国家的路网维护非常昂贵和耗时，在后末日时代的世界里，道路退化的速度将会快得令人吃惊。大部分现代交通工具的内部机理都是内燃机：它驱动着轿车以及火车和轻型飞行器。机械化车辆也支撑着社会的运行，比如拖拉机、联合收割机、渔船。你会希望让这些车辆尽量长久地运行下去。但如果社会无法维持机械化，更进一步地退化，你也有退而求其次的选项：畜力。动物牵引力和残存车辆的组合会形成一幅奇特的景观。而开拓海洋则不得不仰赖帆船了。

- 马拉汽车曾经出现在大萧条时期的美国和加拿大，这种把引擎和车窗拆卸下来用马拉动的车，在美国被称作"胡佛马车"（Hoover carts），在加拿大称"贝内特马车"（Bennett buggy）。

从人和物资的运输转向思想的传递，需要印刷和通信。解决了字模、压印机械和墨水的挑战，你就可以再次将约翰内斯·古登堡 15 世纪发明的活版印刷机派上用场，从而快速复制知识。长距离通信可以通过传送书面信息来实现。要想利用电力实现远距离通信，我们感兴趣的是无线电波。它们不仅比较容易制造和接收，而且可以隔着遥远的距离传播信息。我们有把握说，重启中的文明会很快重新掌握无线电通信技术，哪怕人们还不能推导出复杂的电磁方程或者制造精密的电子元件。在"二战"期间，前线战壕里的士兵和战俘营里的战俘，都曾经制作过临时的无线电接收机收听音乐或者战况新闻。

5. 更高的追求：高等化学、重建历法

　　经过几代人的重建努力站稳了脚跟之后，一个更加先进的文明将能够采用更复杂的工业来满足需求。利用电力拆开化学物，解放其成分（也就是电解），你将有机会重建元素周期表。现代元素周期表是人类成就的一座丰碑，它绝不仅仅是化学家们已经识别出的元素的综合性列表，更是一种知识的组织方法，让你能够预测未曾发现之物的详细性质。化学还有两种有用但略显复杂的应用——炸药和摄影。炸药非常有用，在后末日时代的世界中，最重要的或许就是拆除破败失修而且不安全的高层建筑，回收利用它们的构件，并在文明再次扩展到久被遗弃的区域时，为重新开发而清理出土地。摄影对于科学的好几个领域来说都是关键的先决性技术。它使研究者能记录下非常微弱或者因为太慢或太快而无法被感知的事件和过程，或者在我们看不到的电磁波段上记录。比如研究暗淡星体。摄影感光剂也对 X 光敏感，因此你可以拍摄用于身体内部检查的医学图像。

　　现在回到最基础的地方。幸存者该如何从彻底的一无所有做起，回答两个重要的问题："现在是什么时间"以及"我在哪里"。这绝非无关紧要的消遣：追溯自己在时间和空间中留下的踪迹，是两种非常重要的能力。前

者使你能够测量一天中时间的流逝，计算日期和季节，这是农业生产取得成功的前提；后者使你能够在没有可识别地标的情况下，在全球确定自己的位置，这对于计算出当前位置与期望位置之间的关系相当重要，而且贸易和探险航行成为可能。

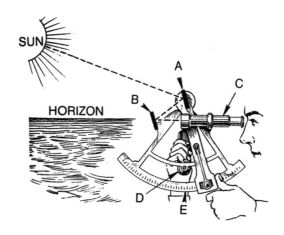

● 六分仪，组件包括观测望远镜、半透镜和标尺。

重建文明的曙光：科学方法

> 科学建造了我们的现代世界，重建它的，也必将还是科学。

　　我显然不能假装单薄的一本书就能记录下人类掌握的全部科学和技术。但是我认为它能在基础科学方面打好基础，一本仅仅提供简要的核心知识的书随着未来研究的深入将会开枝散叶，因此一本书便能够容下一笔庞大的信息宝藏。生产新知识的最有效策略是科学，科学不是事实和计算的组合：它是一种方法，包括可靠的测量和标准单位、控制干扰的实验、特制科学器材、通过数字记录进行定性描述、可以做出精确预测的数学语言等，你必须运用这种方法才能够确信无疑地搞清楚世界运作的方式。

　　然而除却这些细致的观察、复杂的实验和精练的公式，科学的绝对本质是提供了一种机制，让你决定哪一个解释最有可能是正确的。科学不是在列举你知道什么，而是解决你该如何知道的问题。它不是产品，而是过程，是在观测和理论之间来回往复、永无休止的对话，是判断哪些解释正确、哪些错误的最高效方法。这就是为什么科学作为一个理解世界运作的体系会如此有用——就像一部强大的知识生产工具。这也是为什么科学方法本身才是最伟大的发明。

　　灾难的幸存者将会领悟到科学知识和批判性分析的重要性。社会必须培养一种好问爱学、善于分析、基于实证的思维模式，才能迅速获得技术能力。这是幸存者必须保持不灭的火焰。凭借理性的思考，我们才能大幅提高食物生产率，掌握棍棒和火石之外的材料，驾驭肌肉之外的力量，造出能把我们送到脚力所不能及之处的交通工具。科学建造了我们的现代世界，重建它的，也必将还是科学。

　　本文节选自《世界重启：大灾变后，如何快速再造人类文明》（北京联合出版公司2015年版），路易斯·达特内尔著，秦鹏译。书里有非常具体的实操指南，推荐进一步阅读。

路易斯·达特内尔
（Lewis Dartnell）

现任英国宇航署莱斯特大学研究员，主要研究天体生物学和探索火星上的生命迹象。曾出版过《宇宙中的生命》（*Life in the Universe*）等多部科普作品，此外还经常为《卫报》《泰晤士报》《新科学家》等报刊撰写科普文章，也主持过BBC的多档科普栏目。

物种复活图书馆：
回到过去，改变未来

作者 | 汤姆·斯坦迪奇　　　　译者 | 杨雅婷

天下无不散之筵席。

文明的种子

在北极圈内距离北极 1100 公里的一座遥远的岛上，有一栋与周遭环境十分不协调的楔形水泥建筑，矗立于山边的雪地上。在它向外的那一面，由反光钢片、镜子和棱镜组成的光圈在夏日反射着极地的光线，使这栋建筑宛如一颗镶嵌在风景中的宝石，熠熠生辉。在黑暗的冬季，它从 200 条光纤散发诡异的白、绿和青绿色光，确保周围几公里之内都看得见这栋建筑。在厚重的入口钢门背后，有一条 125 米长的强化水泥隧道，一直延伸入山腹。而在另一组安全门和两道气闸背后，有三座保险库，每座都是 27 米长、6 米高、10 米宽。这些保险库所储藏的并不是黄金、艺术品、机密蓝图或高科技武器。它们将用来储藏更为贵重的东西——可说是人类最大的宝藏。这些保险库将装满数十亿颗种子。

位于挪威斯匹兹卑尔根岛上的"斯瓦尔巴全球种子库"（Svalbard Global Seed Vault），是世界最大且最安全的种子储藏设施。它所收藏的种子，储存在由聚乙烯和铝制成的灰色 4 层包裹中，装进密封的盒子，叠放在 3 座保险库里的金属架上。每个包裹平均装有 500 颗种子，保险库的总容量是 450 万个包裹，超过 20 亿颗种子。这比现有的任何种子银行都大得多：当第一座保险库装到一半时，斯瓦尔巴全球种子库的收藏将是世界之冠。

保险库的设计与位置都经过精心考虑，让它成为全球最安全的收藏处所。全世界大约有 1400 所种子银行，但其中许多都很容易受到战争和天灾波及，或缺乏可靠的资金来源。2001 年，塔利班组织摧毁了阿富汗的一所种子银行，其中含有古代的核桃、杏仁、桃子等水果品种。2003 年，在美国入侵伊拉克期间，阿布格莱布的种子银行遭到打劫者破坏，一些稀有的小麦、扁豆和鹰嘴豆品种都不见了。在 2006 年的一场台风中，被泥水淹没的菲律宾国立种子银行失去了大部分的收藏。一所拉丁美洲的种子银行在冰箱出现故障时，几乎损失了所有的马铃薯种子。马拉维的种子银行是个冷冻柜，放在简陋的木屋角落。除了现实中的危险之外，许多种子银行的资金来源也十分不稳定。由于管理人员付不起电费，肯尼亚的整座种子银行几乎都保不住。作为上述所有国立种子银行的备援，斯瓦尔巴设施经过设计，将人为与天然的风险降至最低，而支付其建构工程的挪威政府，也将支付其营运费用。

斯瓦尔巴种子库不仅建在世界上最偏远的地方，还有钢门和密码锁严密把关；它通过视频传输线路接受来自瑞典政府的监控，并由架设在建筑物四周的运动探测器保护。（附近出没的北极熊对入侵者构成了进一步的威胁：当局建议该区的人离开居处时都要携带强力步枪。）建筑结构体嵌入一座地理性质稳定、背景辐射值很低的山中。此外，它高出海平面130米，即使将来海平面上升到最悲观的预测高位，它也不会受到影响。保险库的冷冻系统由当地开采的煤提供动力，将种子保持在-18℃。即使冷冻系统出现故障，保险库深入地下、比永冻层还低的位置，也将确保内部温度绝不会超过-3.5℃，其冷度足以保护大部分的种子许多年。在正常运作下，工作

• 斯瓦尔巴全球种子库。

人员不时会从每个样本取出一些种子，种植它们，以便采收新鲜的种子。（例如莴苣的种子只能储存 50 年左右。）以这种方式，数千个种子品种几乎能永无止境地延续下去。

斯瓦尔巴种子库的目的，在于提供一张同时针对短期与长期威胁而规划的保险单。短期的威胁，亦即气候变迁对全球农业造成的扰乱，似乎很可能成为食物影响人类进展方向的下一个因素。在许多国家，气候变迁可能意味着 21 世纪晚期最冷的几年将比 20 世纪最热的几年还要温暖。当初用以研发目前常见的作物品种的条件将不再适用。华盛顿特区"全球发展中心"的威廉·克莱恩（William Cline）专门研究全球变暖造成的经济冲击；他预测，除非采取行动，否则到了 2080 年，气候变迁将会使发展中国家的农产量降低 10% ～ 25%。在某些地区，冲击的幅度还要更高许多：印度的粮食产量将减少 30% ～ 40%。相对地，在平均温度通常比较低的某些发达国家，农产量可能会随气温上升而稍增。在最糟的情况下，可能会发生争夺粮食的战争，因为全球的农业生产变动导致普遍的干旱与粮食短缺，并引发争夺农地与获取水源渠道的冲突。

比较乐观的预测是，农业可以适应气候上的转变。

就某种程度而言，这些转变是无可避免的，即使人类设法在 21 世纪大幅降低温室气体的排放量。由于从前肥沃的农地变得太干而无法耕作，之前湿冷的地区变得较适合发展农业，人们将需要具有新特性的种子。这便是斯瓦尔巴种子库发挥作用的时刻。紧跟着绿色革命之后，高产量的种子品种散播到各地，导致许多传统的作物品种不再被栽植，因而逐渐消失。举例来说，在 19 世纪种植于美国的 7100 种苹果当中，有 6800 种如今已绝迹。就全球而言，联合国粮农组织估计，大约有 75% 的作物品种消失于 20 世纪，而更多的品种正以每天一种的速度在消失。这些传统品种的产量大多比现代品种低，但总体而言，它们代表着宝贵的基因资源，因此必须保存下来，以备将来之用。

以一个叫作"PI 178383"的小麦品种为例：1948 年，美国植物学家杰克·哈兰（Jack Harlan）在土耳其收集其样本时，将它贬为"一种无可救药地毫无价值的小麦"。它不耐寒冬，长而弱的茎秆极易倒下，而且容易感染一种叫作"叶锈病"的疾病。但在 1963 年，当植物育种家设法让美国小麦能抵抗另一种叫作"条锈病"的疾病时，才发现这种据称一无是处的土耳其小麦原来是无价之宝。试验显示，它对 4 种条锈病和其他 47 种小麦疾病都具有免疫力。它被拿来与当地品种杂交，如今，种植在北美洲太平洋西北地区的小麦几乎全都是它的后裔。哈兰经常骑着驴子，带着简朴的装备采集种子；在这些旅程中，他搜集了极珍贵的基因材料。简单说，没有任何方法能预知哪些品种将因它们对干旱的耐受性、对疾病的免疫力或是对害虫的抵抗力，而在未来派上用场。因此，合理的做法是尽可能安全地保存尽可能多的种子，这就是斯瓦尔巴种子库的设计宗旨。

• 植物组织培养，美国农业部国家遗传资源保护中心的种子银行。

这座种子库也针对长期的威胁提供了保障。也许有一天，一场核战争、一颗撞击地球的小行星，或其他某种全球性灾难，将使人类必须从头重建文明——从它最深层的基础开始：农业。有些储存在斯瓦尔巴种子库的种子，即使在冷冻系统出现故障的情况下，仍然能存活千年以上。小麦种子可活 1700 年，大麦种子可活 2000 年，高粱种子可活 20000 年。也许数百年后，某支勇敢的探险队将前往斯瓦尔巴，取回重新启动文明进化所需的关键成分。

　　尽管斯瓦尔巴种子库有超越时代的设计和许多高科技特色，其宗旨却应和着新石器时代先民的心声：安全地储存种子。一开始，人们之所以会对谷类作物特别感兴趣，是因为他们有能力将种子储存起来，以便预防将来的粮食短缺。从农业的萌芽到绿色革命，食物一直是人类历史的基本成分。储存在斯瓦尔巴的种子，无论会不会在短期内成为有价值的基因资源，或是在一场大灾难后让人类能够重新站起来，食物肯定是构成人类未来不可或缺的成分。

物种复活图书馆

　　物种的重建不必等到文明毁灭之后，更多的工作者正在致力于拯救濒危物种和让灭绝物种回归。归功于基因技术的发展，丧失了关键遗传多样性的濒危物种，如今有可能恢复繁殖能力，而那些受到侵袭性疾病威胁的物种，则有希望获得抗病基因。复活某些已灭绝的物种甚至也是有可能的。许多灭绝生物的 DNA，在博物馆标本和一些化石中得到了完好的保存，完整的基因组如今可以被读取和分析。这些数据或许可以作为有效基因，转移到现存与它们最接近的亲缘物种上，从而复活这些灭绝物种。最终的目标，是让它们在野外的原始栖息地中复活。全世界的分子生物学家和保育生物学家都在研究这些技术。致力于长线思维的恒今基金会为此建立了一个分支项目 "Revive & Restore"，进行协调，从而让基因组保护工作可以在最前沿的科学成就、充分的公开透明度，以及提升全球范围内的生物多样性与生态健康的总体目标的推动下，取得更大的进展。他们的项目包括对亚洲象、黑足鼬等濒危物种进行基因拯救，并且试图复活已经灭绝的物种，比如猛犸象、旅鸽、新英格兰黑琴鸡等。针对物种复活，Revive & Restore 列出了一份 16 本书的推荐阅读书单。利用分子生物学和自然环境保护的科学进展，人类也许真的能够回到过去，改变未来。

灭绝与物种复活
EXTINCTION & DE–EXTINCTION

《复活猛犸象：一个古 DNA 科学家的探索》贝丝·夏匹罗（2015）

HOW TO CLONE A MAMMOTH: The Science of De-extinction by Beth Shapiro

本书作者是一位严谨的怀疑论者和高产的科学家，而且非常会讲故事。他详细描述了复活真猛犸象（及其他灭绝的哺乳动物）和候鸽（及其他灭绝的鸟类）所需要的每一个步骤。本书有简体中文版。

　　※

《自然的鬼魂：直面灭绝，从杰斐逊时代到生态时代》小马克·V. 巴罗（2009）

NATURE'S GHOSTS: Confronting Extinction from the Age of Jefferson to the Age of Ecology by Mark V. Barrow, Jr.

灭绝这个概念在杰斐逊时代尚未出现。而自那以后，一个又一个残酷的启示接踵而至，这本迷人的书记录的正是这段历史。接下来的剧情，则要由如今这一代的生物学家来书写。

※

《最后的杓鹬》弗雷德·波兹沃斯（2011）

LAST OF THE CURLEWS by Fred Bodsworth

这本关于爱斯基摩杓鹬灭绝的书，不声不响地跻身自然保护类书籍的经典著作之列。睡前和你最爱的人一起，大声朗读这本书。

※

《最后的塔斯马尼亚虎：袋狼的历史与灭绝》罗伯特·帕德尔（2002）

THE LAST TASMANIAN TIGER: The History and Extinction of the Thylacine by Robert Paddle

袋狼实际上是一种属于有袋目的狼，是塔斯马尼亚岛上重要的顶级掠食者。当地政府对其大肆杀戮，直到它们惨遭灭绝。本书正是对这段故事的完整记录。

※

《猛犸：冰河时代的巨人》阿德里安·李斯特、保罗·巴恩（2007）

MAMMOTHS: Giants of the Ice Age by Adrian Lister, Paul Bahn

这本华丽丽的猛犸自然史权威性十足，并配有丰富的插图，它让猛犸和它们现存的亲属大象一样，显得那么熟悉而又令人惊叹。

生物科技　BIOTECH

《再生：合成生物学将如何再造自然与人类》乔治·彻奇、艾德·雷吉斯（2012）

REGENESIS: How Synthetic Biology Will Reinvent Nature and Ourselves by George Church and Ed Regis

世界上最杰出的基因工程学家之一，详细阐释了他所在的领域正在以一种惊人的速度，拓展可能性的疆界。（彻奇也参与了候鸽复活计划。）

　　　　※

《生物学也是技术：工程生活的前景、风险与新生意》罗伯特·H. 卡尔森（2011）

BIOLOGY IS TECHNOLOGY: The Promise, Peril, and New Business of Engineering Life by Robert H. Carlson

罗伯特·卡尔森是当今生物科技进步的速度与范围的最佳纪录者。

《寻找分子：考古学与古代 DNA 的搜寻》马丁·琼斯
（2001）

THE MOLECULE HUNT: Archaeology and the Search for Ancient DNA by Martin Jones

这本由内行人写的书，涉及生物分子考古学的滥觞之初，如今已经有点过时了。需要有一本关于当今"古代 DNA"发现的新书问世了。

※

《尼安德特人：寻找失落的基因组》思万特·帕博
（2014）

NEANDERTHAL MAN: In Search of Lost Genomes by Svante Pääbo

Revive & Restore 并没有复活尼安德特人的计划，但这本重要的书无疑对从化石中发现并解码古代 DNA 的难度，以及这些信息可能具有的启示性做出了最佳的描述。如今，我们掌握的已灭绝的尼安德特人和丹尼索瓦人的基因组，比已知现存人类的基因组还要完整，人类演化的故事已发生了翻天覆地的变化。本书有简体中文版。

再野生化　REWILDING

《加州神鹫：自然历史与保护的史诗》诺埃尔·斯奈德、海伦·斯奈德（2000）

THE CALIFORNIA CONDOR: A Saga of Natural History and Conservation by Noel Snyder and Helen Snyder

神鹫的数量在 1981 年减少到 22 只，如今已恢复到了 400 多只，其中有一半是野生的。这本百科全书式的著作展示了田野科学的重要性。本书还有一个简略版，名为《走近加州神鹫》（2005）。

※

《动物园保护生物学》约翰·法、斯蒂芬·芬克、唐娜玛莉·奥康纳（2011）

ZOO CONSERVATION BIOLOGY by John Fa, Stephan Funk, Donnamarie O'Connell

本书对动物园在保护生物学中扮演的愈发重要的角色，包括圈养繁殖和放归自然，做了出色的研究。对于灭绝物种复活生物学，动物园将起到举足轻重的作用。

　　※

《美国栗木：一棵完美树木的生死与复活》苏珊·弗兰克（2007）

AMERICAN CHESTNUT: The Life, Death, and Rebirth of a Perfect Tree by Susan Freinkel

　　让美国栗木死而复生的人复活了一个已灭绝的重要物种，这比所有其他人超前了四十年。最新进展可参阅《美国栗木基金会季刊》。

　　※

《曾经与未来的巨兽：冰河纪大灭绝与地球上最大物种的命运》莎朗·列维（2011）

ONCE AND FUTURE GIANTS: What Ice Age Extinctions Tell Us About the Fate of Earth's Largest Animals by Sharon Levy

　　一本关于猛犸和乳齿象，以及复活它们可能意味着什么的精彩介绍。

　　※

《野生物》乔恩·穆阿勒姆（2013）

WILD ONES: A Sometimes Dismaying, Weirdly Reassuring Story About Looking at People Looking at

Animals in America by Jon Mooalem

　　书的副标题很出彩："一个关于美国的动物爱好者，有时令人沮丧却又吊诡地使人安心的故事。"濒危的动物常常使人变得尤为高尚。

旅鸽　PASSENGER PIGEON

《旅鸽：自然史与灭绝》A.W. 肖格尔（1955）

THE PASSENGER PIGEON: Its Natural History and Extinction by A. W. Shorger

　　旅鸽传说的集大成之作。

　　　　※

《天空中流淌的羽毛之河：旅鸽的灭绝之路》约尔·格林伯格（2014）

A *FEATHERED RIVER ACROSS THE SKY: The Passenger Pigeon's Flight to Extinction* by Joel Greenberg

　　新颖、丰富而扣人心弦，格林伯格记述了旅鸽旺盛的生命及其遭到的残酷杀戮，展现了物种灭绝历史上最为悲惨的一段故事。

　　《文明的种子》节选自《舌尖上的历史：食物、世界大事件与人类文明的起源》（中信出版社2014年7月版），汤姆·斯坦迪奇著，杨雅婷译，由中信出版社授权发布；《物种复活图书馆》整理自恒今基金会Revive & Restore项目的推荐阅读书单，译者M. LaPadite。

汤姆·斯坦迪奇
（Tom Standage）

专栏作家、BBC 时事评论员、《经济学人》数字编辑，曾任《经济学人》商业编辑、科技编辑和科学记者。

文明重建图书馆：
凯文·凯利推荐的 140 种书

作者 | 凯文·凯利　　　　　　　**译者 | 秦鹏、张行舟等**

多年以来，关于建立一个能够有助于重启文明的人文与技术记录，人们提出了很多不同形式的想法：编纂一本书、一套书、石碑、微蚀金属盘，或者不停更新的维基百科。这些末日手册是在可能的崩溃中尽量朝着软着陆的方向迈出积极的一步。世界花了一千年才重新得到罗马人曾经拥有的技术和社会组织水平，所以如果真的有一本《文明手册》，也许会有所助益。

恒今基金会（The Long Now Foundation）是这方面工作的先驱，它支持一个"万年钟"项目、一个人类语言数字图书馆、一个拯救物种免于灭绝的研究，还有基金会现存最大的项目——"文明手册"（Manual for Civilization）。该手册准备集合延续和重建文明最关键的 3500 本书。这些书本被分成四种类型，除了学会生火、种粮食、野外生存，还需要了解必要的科学技术和文明的构成：

- 文化典籍（伟大的作品，如莎士比亚、柏拉图等）
- 文明的机理（技术知识，如何建造和理解事物，比如产科学、矿石冶炼学和金融系统）
- 严谨科幻小说（对社会结构和硬科学的深入评估，有助于认识潜在的未来）
- 长线思维、未来主义和相关历史（如何思考未来以及如何回顾过去）

北极圈有一座斯瓦尔巴全球种子库，保存着人类作物的希望。而作为恒今的董事会成员，凯文·凯利在几年前就开始思考如何保存"文化的种子"，建立文化领域的斯瓦尔巴。在恒今启动"文明手册"项目后，他也给项目推荐了自己的文明重建书单，一共 140 种，都是直接从自家图书馆的书架上挑选的，记录了实用

技能及如何制作有用的器物，其中有很多也作
为工具出现在了他的博客 Cool Tools 中。书单
涉及的技能极多，从养兔指南、牲畜屠宰、蠕
虫堆肥手册，到晶体收音机制作、家庭化学实
验、人体解剖，还有宇宙学、未来主义、美国
宪法、科幻小说百科全书……总之从最基础的
乡村智慧到更高的精神追求一应俱全。虽然所
列书目是基于英语世界和西方文明的，如果来
不及看完，至少看一看书名，也能大概了解世
界末日来临时你需要具备哪些关键技能。

我想象，有一个图书馆坐落在偏远僻静的山顶上，
里面收藏着重建文明所必不可少的实践知识。它向所有
来到此处的人开放，是文化领域的斯瓦尔巴全球种子库；
斯瓦尔巴全球种子库位于北极圈，贮藏着来自全球的农
作物种子。这个图书馆中的所有实用文献便是"文化的
种子"，如果需要，它们会再次萌芽。这是实用图书馆，
作为文明的备份而存在。

现今大部分大型图书馆都非常具有包容性。它们包
罗"一切"。谷歌和其他机构将这一切知识复制成为数
字形式，组成了人们渴望已久的寰宇图书馆。但是，位

- 山间的寺庙塔克桑寺，位于不丹西部帕罗峡谷之上 900 米高的的悬崖上。

于山顶的这个图书馆有所不同。它非常具有选择性，不收藏世界最伟大的文学作品，不收录各种历史，也不包括对民族奇观的深入了解和对未来的猜测。这个图书馆里面不记录过去的新闻，没有儿童书，没有大部头的哲学著作。它只有种子，实用知识技能的种子，教你如何重建现在的文明基础和科技。这个图书馆将收集一切重建自己所需的知识——砖块、砂浆和玻璃的机械构造——图书馆本身。有人或许会认为，这是一个类似手册一样的图书馆，告诉人们如何用书和纸张建造实体图书馆。或将其视作重建文明基础的手册。一本重启文明的手册，恒今基金会和各种科幻故事也已经探讨过它。有了这里所贮藏的知识种子，人类就可以重新发展印刷、金属加工、塑料制作、胶合板生产和镭射光碟的艺术。

这些信息通常不会出现在图书馆中、书本里和网络上。现在，教学性质和实用性信息通过 YouTube 视频传播。之所以会出现这种现象，部分原因在于视频是展现如何做某事的好方式。同时，也由于录制视频比用文字和图表说明一件事要更容易。不过，这种方便简单往往会降低教学的质量。如果要依靠寰宇图书馆来学习如何用矿石炼制金属薄板、发现和提炼矿石，或如何用石油制作塑料、用硅制造芯片，那将是非常困难的。通常，这种实用知识不会出现在书本中。而即便图书馆里有这类知识，往往也很浅薄，分散在许多书籍和期刊中。很多这些实用知识都是隐性知识[①]，通过书面记录以外的形式传播。而就算记录在书本上，这些文献也通常不会进入图书馆。

实用图书馆不必很大。可能只需要一万卷左右的书籍，就足以囊括重建文明基础的必要信息。与谷歌的寰宇图书馆不同，它收藏的是纸质文献。再过一个世纪左右的时间，纸质书就会成为稀有物品。不过，纸质书会比任何数字平台更持久，且使用纸张所需要的科技最少。在任何时期，纸质文本都将可以在任何地方阅读。但软盘、光盘和 PDF 格式文档则不尽然。

---

① 隐性知识（lmplicit knowledge）是迈克尔·波兰尼（Michael Polanyi）1958 年从哲学领域提出的概念。波兰尼认为："人类的知识有两种。通常被描述为知识的，即以书面文字、图表和数学公式加以表述的，只是一种类型的知识。而未被表述的知识，像我们在做某事的行动中所拥有的知识，是另一种知识。"他把前者称为显性知识，而将后者称为隐性知识，按照波兰尼的理解，显性知识是能够被人类以一定符码系统（最典型的是语言，也包括数学公式、各类图表、盲文、手势语、旗语等诸种符号形式）加以完整表述的知识。隐性知识和显性知识相对，是指那种我们知道但难以言述的知识。

不过，实用图书馆不仅仅包含许多书籍，它还包含书的序列。你想要了解不同的内容，就需要查阅不同的文献。如果已经知道如何制作胶水，那你就可以立即开始学习制作胶合板。但是，如果你不知道如何制作防水胶，就要从制作防水胶开始。如果你知道如何制作胶水和木头纺纱机，但不了解液压机，那么就需要另一套不同的教学指南。这种多分支的形式看上去挺有超文本的感觉，用数字形式不是更好吗？确实，数字化会更好，但还是会保留纸质文献作为备份。

或许实用图书馆通常会在整个冬天都处于密闭状态，每年会开几次或几个月，用以添加图书和研究工作。这是一个万年图书馆，墙壁坚不可摧，如果真的到了人类自顾不暇的那一天，它也能够在没有人类维护修理的情况下，屹立数百年不倒。实用图书馆将用来贮藏最基本的一万卷书籍，安然度过一万年，任何时候只要需要，都可以利用其中贮藏的知识重启人类文明。

没必要等到在山顶建造实用图书馆。现在，在自家的车库就可以开始。如果可能，你会在里面放什么书？

凯文·凯利的文明重建书单

《实用竹：50 个用于屏障、容器和其他情形的最佳

品种》保罗·惠特克

Practical Bamboos: The 50 Best Plants for Screens, Containers and More by Paul Whittaker

《音景》R. 穆雷·谢弗

The Soundscape by R. Murray Schafer

《早期美国工具博物馆》埃里克·斯隆

A Museum of Early American Tools by Eric Sloane

《斯托利养兔指南》鲍勃·贝内特

Storey's Guide to Raising Rabbits by Bob Bennett

《穴居人的化学：28 个项目，从生火到制造塑料》凯文·M. 邓恩

Caveman Chemistry: 28 Projects, from the Creation of Fire to the Production of Plastics by Kevin M. Dunn

《文明：万年古代史》简·麦金托什、克林特·特威斯特

Civilizations: Ten Thousand Years of Ancient History by Jane McIntosh and Clint Twist

《后院铁匠》罗蕾莱·西姆斯

The Backyard Blacksmith by Lorelei Sims

《照料荒野：美洲原住民知识和加利福尼亚自然资源管理》*M.* 卡特·安德森

Tending the Wild: Native American Knowledge and the Management of California's Natural Resources by M. Kat Anderson

《镜像世界》戴维·杰勒恩特

Mirror Worlds by David Gelernter

《系统学：系统知识的地下文本》约翰·加尔

Systemantics: The Underground Text of Systems Lore by John Gall

《古代世界的图书馆》莱昂内尔·卡森

Libraries in the Ancient World by Lionel Casson

《演化理论的结构》斯蒂芬·杰·古尔德

The Structure of Evolutionary Theory by Stephen Jay Gould

《空中摄影》格奥尔格·盖斯特

The Past From Above by Georg Gerster

《大设计：俯瞰地球》格奥尔格·盖斯特

Grand Design: The Earth From Above by Georg Gerster

《无限世界：科幻小说艺术的神奇视野》文森特·迪费特

Infinite Worlds: The Fantastic Visions of Science Fiction Art by Vincent Di Fate

《五界：地球生命类群插图指南》（第 3 版）林恩·马古利斯、卡尔连·施瓦兹

Five Kingdoms: An Illustrated Guide to the Phyla of Life on Earth (3rd Edition) by Lynn Margulis and Karlene V. Schwartz

《生物体概要分类》理查德-斯蒂芬-肯特·巴尔内斯（编）

A Synoptic Classification of Living Organisms edited by R.S.K. Barnes

《终极资源 2》朱利安·林肯·西蒙

The Ultimate Resource 2 by Julian Lincoln Simon

《生物圈: 地球的嬗变》多里昂·萨根

Biospheres: Metamorphosis of Planet Earth by Dorion Sagan

《生物圈 2: 人类试验》约翰·阿兰

Biosphere 2: The Human Experiment by John L. Allen

《有限欲望, 无限手段: 一本关于狩猎 - 采集者经济和环境的读物》约翰·高迪（编）

Limited Wants, Unlimited Means: A Reader On Hunter-Gatherer Economics and the Environment edited by John Gowdy

《威廉·R. 科利斯全集》

The Complete Works of William R. Corliss

《探幽: 超越五感之旅》哈米什·米勒

Dowsing: A Journey Beyond Our Five Senses by Hamish Miller

《群星》汉斯·奥古斯都·雷

The Stars by H.A. Rey

《千年之计：殖民银河的八个简单步骤》马歇尔·萨
维奇

The Millennial Project: Colonizing the Galaxy in Eight Easy Steps by Marshall Savage

《十的次方：关于宇宙中事物的相对大小》菲利斯·莫
里森、菲利普·莫里森 *Powers of Ten: About the Relative Size of Things in the Universe* by Phylis Morrison and Phillip Morrison

《数字诞生以来的数学》简·古尔伯格

Mathematics from the Birth of Numbers by Jan Gullberg

《平面国》（有中文版）埃德温·阿伯特

The Annotated Flatland: A Romance of Many Dimensions by Edwin A. Abbott

《科学革命的结构》（第 3 版）（有中文版）托马斯·S. 库恩

The Structure of Scientific Revolutions (3rd Edition) by Thomas S. Kuhn

《探究：恶作剧！》《恶作剧 2》维尔·滨中、安德烈·朱诺（编）

Re-search: Pranks! & Pranks 2 edited by V. Vale and Andrea Juno

《美国宪法：图画改编版》乔纳森·亨尼西

The United States Constitution: A Graphic Adaptation by Jonathan Hennessey

《发现者：人类探索世界和自我的历史》（第一卷及第二卷豪华插图版套装）（有中文版）丹尼尔·J. 布尔斯廷

The Discoverers, Volumes I and II Deluxe Illustrated Set by Daniel J. Boorstin

《世界文明（单卷版）：人类的冒险》（第 3 版）理查德·格里夫斯、罗伯特·扎勒、菲利普·坎尼斯特拉洛、罗兹·墨菲

Civilizations of the World, Single Volume Edition: The Human Adventure (3rd Edition) by Richard L. Greaves, Robert Zaller, Philip V. Cannistraro and Rhoads Murphey

《世界文明遗产（精编版，综合卷）》（第 5 版）阿尔伯特·克莱格、威廉·格雷厄姆、唐纳德·卡根、斯蒂芬·奥兹曼、弗兰克·特纳

The Heritage of World Civilizations: Brief Edition, Combined Volume (5th Edition) by Albert M. Craig, William A. Graham, Donald Kagan, Steven Ozment and Frank M. Turner

《公元 1000 年地图》约翰·曼

Atlas of the Year 1000 by John Man

《卡通世界现代史》（及第二、三部）拉里·高尼克

The Cartoon History of the Modern World (& p2, p3) by Larry Gonick

《第三见解，第二视野：对美国西部的再次摄影测绘》马克·克莱特、凯尔·班加吉安、威廉·福克斯

Third Views, Second Sights: A Rephotographic Survey of the American West by Mark Klett, Kyle Bajakian and William L. Fox

《人类秘密博物馆》大卫·斯蒂夫勒

Secret Museum of Mankind by David Stiffler

《技术与发明的历史：时代中的进步》（第一卷：技术的起源，及第二卷）莫里斯·多玛斯

A History of Technology and Invention: Progress Through the Ages, Volume I: The Origins of Tech (and Volume II) by Maurice Daumas

《未来的冲击》（有中文版）阿尔文·托夫勒

Future Shock by Alvin Toffler

《2000 年：未来 33 年的推测框架》赫尔曼·卡恩、安东尼·维纳

The Year 2000: A Framework for Speculation on the

Next Thirty-Three Years by Herman Kahn and Anthony J. Wiener

《彼时今朝：美国最伟大的思想者在 1893 年哥伦布纪念博览会上对 100 年后未来的预测》大卫·沃尔特（汇编）

Today Then: America's Best Minds Look 100 Years into the Future on the Occasion of the 1893 World's Columbian Exposition compiled by David Walter

《往昔的明日：过去对美国未来的展望》约瑟夫·科恩、布莱恩·霍里根

Yesterday's Tomorrows: Past Visions of the American Future by Joseph J. Corn and Brian Horrigan

《完美未来：古典未来主义图集》吉姆·海曼

Future Perfect: Vintage Futuristic Graphics by Jim Heimann

《从未成真的奇妙未来：飞行汽车、降落伞邮递和其他过去的预言》，格里高利·本福特和《大众机械》

编辑

The Wonderful Future that Never Was: Flying cars, mail delivery by parachute and other predictions from the past by Gregory Benford and the editors of *Popular Mechanics*

《人类年鉴之预言书》大卫·瓦勒钦斯基、艾米·华莱士、欧文·华莱士

People's Almanac Presents: The Book of Predictions by David Wallechinsky, Amy Wallace and Irving Wallace

《世纪末：2000 年定向手册》希勒尔·施华兹

Century's End: An Orientation Manual Toward the Year 2000 by Hillel Schwartz

《科幻小说百科全书》约翰·克鲁特、彼得·尼科尔斯

The Encyclopedia of Science Fiction by John Clute and Peter Nicholls

《法贝尔乌托邦之书》约翰·凯利（编）

The Faber Book of Utopias edited by John Carey

《自私的基因》（有中文版）理查德·道金斯
The Selfish Gene by Richard Dawkins

《唤醒沉睡的文字》（有中文版）安德鲁·罗宾逊
The Story of Writing: Alphabets, Hieroglyphs & Pictograms by Andrew Robinson

《世界的文字：字母、音节文字和象形符号》中西亮
Writing Systems of the World: Alphabets, Syllabaries, Pictograms by Akira Nakanishi

《波斯传统工艺：发展、技术以及对东西方文明的影响》汉斯·伍尔夫
The Traditional Crafts of Persia: Their Development, Technology and Influence on Eastern and Western Civilizations by Hans E. Wulff

《传统制弓匠圣经》（全三卷）吉姆·哈姆（编）
The Traditional Bowyer's Bible, Volume 1, Volume 2, Volume 3 edited by Jim Hamm

《美国燧石匠：计算机时代的石器时代艺术》约翰·C.
惠特克

American Flintknappers: Stone Age Art in the Age of Computers by John C. Whittaker

《技术短史：从最早期到公元 1900 年》托马斯·金斯顿·德里、特雷弗·威廉姆斯

A Short History of Technology: From the Earliest Times to A.D. 1900 by T. K. Derry and Trevor I. Williams

《觅食行为谱系：狩猎 - 采集者生活方式的多样性》罗伯特·L. 凯利

The Foraging Spectrum: Diversity in Hunter-Gatherer Lifeways by Robert L. Kelly

《宇宙故事：从原初的火花到生态纪：宇宙演进之颂》布莱恩·斯威姆、托马斯·贝利

The Universe Story: From the Primordial Flaring Forth to the Ecozoic Era: A Celebration of the Unfolding of the Cosmos by Brian Swimme and Thomas Berry

　　《技术的报复：墨菲法则和事与愿违》（有中文版）爱德华·特纳

Why Things Bite Back: Technology and the Revenge of Unintended Consequences by Edward Tenne

　　《轮子、钟表和火箭：技术史》唐纳德·卡德维尔

Wheels, Clocks, and Rockets: A History of Technology by Donald Cardwell

　　《化学实验黄金手册：如何设立家庭实验室：超过200种简单实验》罗伯特·布伦特

The Golden Book of Chemistry Experiments: How to set up a home laboratory: Over 200 simple experiments by Robert Brent

　　《家庭化学实验插图指南：只动手，不说教》罗伯特·布鲁斯·汤普森

Illustrated Guide to Home Chemistry Experiments: All Lab, No Lecture by Robert Bruce Thompson

　　《如何建立微型动物园》文森·布朗

How to Make a Miniature Zoo by Vinson Brown

《40 原则：技术创新的 TRIZ 诀窍》（第 1 卷）根李希·阿特修勒、列夫·舒尔亚克、斯蒂芬·罗德曼

40 Principles: TRIZ Keys to Technical Innovation, Volume 1 by Genrich Altshuller, Lev Shulyak and Steven Rodman

《配方手册：食谱、方法和秘密过程》雷蒙德·韦尔斯

Manual of Formulas: Recipes, Methods & Secret Processes by Raymond B. Wailes

《男孩电工》阿尔弗雷德·摩根

The Boy Electrician by Alfred Morgan

《五金店和花卉店售卖品（除植物外）完全插图指南》斯蒂夫·爱特林格

The Complete Illustrated Guide to Everything Sold in Hardware Stores and Garden Centers (Except the Plants) by Steve Ettlinger

《人体解剖学图集》（第 5 版）弗兰克·奈特博士

Atlas of Human Anatomy (5th Edition) by Frank H. Netter MD

《如何阅读一本书》（有中文版）莫蒂默·阿德勒、查尔斯·范多伦

How to Read a Book: The Classic Guide to Intelligent Reading by Mortimer J. Adler and Charles Van Doren

《新的终生阅读计划：世界文学经典指南》（修订增补版）克里夫顿·法迪曼、约翰·梅杰

The New Lifetime Reading Plan: The Classical Guide to World Literature, Revised and Expanded by Clifton Fadiman and John S. Major

《基础设施：工业景观实地指南》布莱恩·海耶斯

Infrastructure: A Field Guide to the Industrial Landscape by Brian Hayes

《我们代表全人类为和平而来：阿波罗 11 号硅碟不为人知的故事》塔希尔·拉曼

We Came in Peace for All Mankind: The Untold Story of the Apollo 11 Silicon Disc by Tahir Rahman

《字母之泉》乔普·波伦

Letter Fountain by Joep Pohlen

《你的记忆：它如何工作以及如何增强它》肯尼斯·西
格比博士

Your Memory: How It Works and How to Improve It by
Kenneth L. Higbee Ph.D

《神奇的脑力激荡术》（有中文版）哈利·洛拉尼、
杰瑞·卢卡斯

*The Memory Book: The Classic Guide to Improving
Your Memory at Work, at School and at Play* by Harry
Lorayne and Jerry Lucas

《失落的折毛巾艺术》艾莉森·詹金斯

The Lost Art of Towel Origami by Alison Jenkins

《蒸馏器建造知识》凯思琳·霍华德

The Lore of Still Building by Kathleen Howard

《艾希利打结书》克利福德·W. 艾希利

The Ashley Book of Knots by Clifford W. Ashley

《乡村智慧和技能》斯托雷出版社乡村智慧委员会

Country Wisdom & Know-How by the editors of Storey Publishing's Country Wisdom Boards

《材料、结构和标准：建筑师需要了解但找不到的一切细节》茱莉亚·麦克莫罗

Materials, Structures, and Standards: All the Details Architects Need to Know but can Never Find by Julia McMorrough

《牲畜和猎物的基础屠宰加工》约翰·梅特勒

Basic Butchering of Livestock & Game by John J. Mettler

《天然染色的艺术和手工：古方今用》J. N. 莱尔斯

The Art and Craft of Natural Dyeing: Traditional Recipes for Modern Use by J. N. Liles

《块根窖藏：水果和蔬菜的天然冷藏》麦克·布贝尔

Root Cellaring: Natural Cold Storage of Fruits & Vegetables by Mike Bubel

《斯托雷养鸡指南》（第3版）盖尔·达梅罗

Storey's Guide to Raising Chickens, 3rd Edition by Gail Damerow

《语言习得实用化：语言学习者的实地方法》托马斯·布鲁斯特、伊丽莎白·布鲁斯特

Language Acquisition Made Practical: Field Methods for Language Learners by E. Thomas Brewster and Elizabeth S. Brewster

《木之礼赞》埃里克·斯隆

A Reverence for Wood by Eric Sloane

《霍克特种部队生存指南》迈克尔·霍克

Hawke's Special Forces Survival Handbook by Mykel Hawke

《理解木头：手工业者木工技术指南》R. 布鲁斯·霍德利

Understanding Wood: A Craftsman's Guide to Wood Technology by R. Bruce Hoadley

《没有医生的地方：农村保健手册》戴维·维尔纳、简·麦克斯韦

Where There Is No Doctor: A Village Health Care Handbook by David Werner and Jane Maxwell

《没有牙医的地方》莫里·迪克逊

Where There is No Dentist by Murray Dickson

《故事：主旨、结构、风格和电影剧本创作原理》（有中文版）罗伯特·麦基

Story: Substance, Structure, Style and the Principles of Screenwriting by Robert McKee

《科学与技术史：从创世之初至今的伟大发现、发明及其做出者的阅览者指南》布莱恩·邦奇、亚历山大·赫勒曼斯（编）

The History of Science and Technology: A Browser's Guide to the Great Discoveries, Inventions, and the People Who Made Them from the Dawn of Time to Today edited by Bryan Bunch and Alexander Hellemans

《万物运转的秘密》（有中文版）大卫·麦考利

The New Way Things Work by David Macaulay

《斯蒂芬·比斯蒂手绘：不可思议的截面》理查德·普拉特

Stephen Biesty's Incredible Cross-Sections by Richard Platt

《斯蒂芬·比斯蒂手绘：不可思议的截面之惊人的分解图》理查德·普拉特

Stephen Biesty's Incredible Explosions: Exploded Views of Astonishing Things by Richard Platt

《清真寺》大卫·麦考利

Mosque by David Macaulay

《数字通史：从史前到计算机的发明》乔治斯·依弗拉

The Universal History of Numbers: From Prehistory to the Invention of the Computer by Georges Ifrah

《听石》丹·斯诺

Listening to Stone by Dan Snow

《企鹅食物指南》阿兰·戴维森

The Penguin Companion to Food by Alan Davidson

《非同寻常的水果和蔬菜：常识指南》伊丽莎白·施耐德

Uncommon Fruits and Vegetables: A Commonsense Guide by Elizabeth Schneider

《人类排泄物手册：人类粪便堆肥指南》（第 2 版）约瑟夫·詹金斯

The Humanure Handbook: A Guide to Composting Human Manure (2nd Edition) by Joseph Jenkins

《水的存储：用于国内供给、防火和紧急用途的水罐、水箱、蓄水层和池塘》阿特·路德维格

Water Storage: Tanks, Cisterns, Aquifers, and Ponds for Domestic Supply, Fire and Emergency Use by Art Ludwig

《用废水造绿洲：废水系统的选择、建造和使用：包括分支排水沟》（新版）阿特·路德维格

The New Create an Oasis with Greywater: Choosing, Building and Using Greywater Systems: Includes Branched Drains by Art Ludwig

《化粪池系统所有者手册》劳埃德·卡恩

The Septic System Owner's Manual by Lloyd Kahn

《赤脚建筑师》约翰·范林根

The Barefoot Architect by Johan van Lengen

《原始技术》（第一、二卷）大卫·威斯科特（编）

Primitive Technology, Volumes 1-2 edited by David Wescott

《哺乳动物的足迹和迹象：北美物种指南》马克·爱尔布洛琪

Mammal Tracks & Sign: A Guide to North American Species by Mark Elbroch

《修帆工的学徒》艾米利亚诺·马里诺

Sailmaker's Apprentice by Emiliano Marino

《你能建造的帆船》彼得·史蒂文森

Sailboats You Can Build by Peter Stevenson

《建造六小时独木舟》理查德·巴茨

Building the Six-Hour Canoe by Richard Butz

《礁石丛书：岩礁鱼类、岩礁生物和造礁珊瑚》（三卷）保罗·休曼、耐德·德罗克

The Reef Set: Reef Fish, Reef Creature and Reef Coral (3 Volumes) by Paul Humann and Ned Deloach

《一英亩生存：自持生活实用指南》美国农业部

Living on an Acre: A Practical Guide to the Self-Reliant Life by U.S. Department. of Agriculture

《自然的菜园：可食用野生植物识别、收获和烹饪指南》萨缪尔·塞耶

Nature's Garden: A Guide to Identifying, Harvesting, and Preparing Edible Wild Plants by Samuel Thayer

《哥德尔、埃舍尔、巴赫：永恒的金穗带》（有中文版）侯世达

Gödel, Escher, Bach: An Eternal Golden Braid by Douglas R. Hofstadter

《建筑如何学习：它们被建造之后的故事》斯图尔特·布兰德

How Buildings Learn: What Happens After They're Built by Stewart Brand

《劫掠者的收获：可食用野生植物识别、收获和烹饪指南》萨缪尔·塞耶

The Forager's Harvest: A Guide to Identifying, Harvesting, and Preparing Wild Edible Plants by Samuel Thayer

《轻盈落地：美国科学俱乐部联合会小径开辟及维护手册》（第 2 版）罗伯特·C. 波克比

Lightly on the Land: The SCA Trail Building And Maintenance Manual (2nd Edition) by Robert C. Birkby

《竹之书：全面认识这种非凡的植物、它的用途及历史》大卫·法雷利

The Book of Bamboo: A Comprehensive Guide to This Remarkable Plant, Its Uses, and Its History by David Farrelly

《科学美国人业余科学家项目书》克莱尔·*L.* 斯特朗

The Scientific American Book of Projects for the Amateur Scientist by Clair L Stong

《马力驱动农场：小规模可持续市场栽培者的工具和系统》（新版）斯蒂芬·莱斯利

The New Horse-Powered Farm: Tools and Systems for the Small-Scale, Sustainable Market Grower by Stephen Leslie

《种子：种植、历史和知识最终指南》彼得·罗耶

Seeds: The Definitive Guide to Growing, History, and Lore by Peter Loewer

《默克手册》罗伯特·S. 波特

The Merck Manual by Robert S. Porter

《生长和形态》（完全修订版）（有中文版）达西·文特沃斯·汤普森

On Growth and Form: The Complete Revised Edition by D'Arcy Wentworth Thompson

《后院糖渍完全指南》（第 3 版）林克·曼

Backyard Sugarin': A Complete How-To Guide (3rd Edition) by Rink Mann

《3000 美元建造一座木屋》约翰·麦克菲尔森

"How-to" Build This Log Cabin for $3,000 by John McPherson

《完全现代铁匠》亚历山大·威格斯

The Complete Modern Blacksmith by Alexander Weygers

《熟练蜜酒师：从你的第一桶到受到嘉奖的水果香草变体，蜜酒的家庭制作》肯·施兰姆

The Compleat Meadmaker: Home Production of Honey Wine From Your First Batch to Award-winning Fruit and Herb Variations by Ken Schramm

《缝纫完全指南：按部就班的服装及家居饰品制作技术（增补全新项目和朴素花纹）》（《读者文摘》）

The New Complete Guide to Sewing: Step-by-Step Techniques for Making Clothes and Home Accessories Updated Edition with All-New Projects and Simplicity Patterns (Reader's Digest)

《编筐工艺：世界传统技术指南》布莱恩·森腾斯

Basketry: A World Guide to Traditional Techniques by Bryan Sentence

《虫子吃掉我的垃圾：如何建设和维护蠕虫堆肥系统》玛丽·阿普尔霍夫

Worms Eat My Garbage: How to Set Up and Maintain a Worm Composting System by Mary Appelhof

《发酵的艺术：全世界基本概念和过程深度探索》桑德尔·埃里克斯·卡茨

The Art of Fermentation: An In-Depth Exploration of Essential Concepts and Processes from Around the World by Sandor Ellix Katz

《葡萄酒酿造方法：如何在家制作极佳的餐桌葡萄酒》谢里丹·沃里克

The Way to Make Wine: How to Craft Superb Table Wines at Home by Sheridan Warrick

《未来主义小说的起源》保罗·K. 阿尔肯

Origins of Futuristic Fiction by Paul K. Alkon

《晶体收音机项目：15 个你可以建造的无线电项目》菲利普·安德森

Crystal Set Projects: 15 Radio Projects You Can Build by Philip Anderson

《罕见的地球：为什么复杂生命在宇宙中不同寻常》彼得·D. 沃德、唐纳德·布朗李

Rare Earth: Why Complex Life is Uncommon in the Universe by Peter D. Ward and Donald Brownlee

《阿尔伯特·爱因斯坦论文集》1-11 卷（原始文本）

The Collected Papers of Albert Einstein, Volumes 1-11 (Original texts)

《蘑菇揭秘》大卫·阿罗拉

Mushrooms Demystified by David Arora

《天空图集 2000.0 指南》（最新版）罗伯特·斯特朗、罗杰·辛诺特

Sky Atlas 2000.0 Companion (most recent edition) by Robert Strong and Roger Sinnott

《无惧蘑菇：安全美味蘑菇采集入门者指南》亚历山大·施瓦布

Mushrooming without Fear: The Beginner's Guide to Collecting Safe and Delicious Mushrooms by Alexander Schwab

《计算机程序设计艺术》（第 1-4A 卷）高德纳

The Art of Computer Programming, Volumes 1-4A by Donald E. Knuth

本文节选自《技术元素》（电子工业出版社2012年版），凯文·凯利著，张行舟等译，由东西文库授权发布。"文明重建书单"来自KK为文明手册项目推荐的书单，秦鹏译。

执行策划：

Lobby （旧时代的科技魔法和技术预言）

傅丰元（特德·尼尔森和上都计划）

不知知（世界末日全方位硬启动手册）

Lobby （关于死亡的技术、认知和哲学）

微信公众号：离线（theoffline）

微博：@离线offline

知乎：离线

网站：the-offline.com

联系我们：AI@the-offline.com